BEI GRIN MACHT SICH IHR WISSEN BEZAHLT

AF149570

- Wir veröffentlichen Ihre Hausarbeit, Bachelor- und Masterarbeit

- Ihr eigenes eBook und Buch - weltweit in allen wichtigen Shops

- Verdienen Sie an jedem Verkauf

Jetzt bei www.GRIN.com hochladen und kostenlos publizieren

Juliane Kühne

Der große Satz von Fermat-Beweis. Die Lösung eines 300 Jahre alten Problems

GRIN Verlag

Bibliografische Information der Deutschen Nationalbibliothek:

Die Deutsche Bibliothek verzeichnet diese Publikation in der Deutschen National-
bibliografie; detaillierte bibliografische Daten sind im Internet über http://dnb.d-
nb.de/ abrufbar.

Impressum:

Copyright © 2013 GRIN Verlag GmbH
Druck und Bindung: Books on Demand GmbH, Norderstedt Germany
ISBN: 978-3-656-54674-0

Dieses Buch bei GRIN:

http://www.grin.com/de/e-book/264985/der-grosse-satz-von-fermat-beweis-die-
loesung-eines-300-jahre-alten-problems

GRIN - Your knowledge has value

Der GRIN Verlag publiziert seit 1998 wissenschaftliche Arbeiten von Studenten, Hochschullehrern und anderen Akademikern als eBook und gedrucktes Buch. Die Verlagswebsite www.grin.com ist die ideale Plattform zur Veröffentlichung von Hausarbeiten, Abschlussarbeiten, wissenschaftlichen Aufsätzen, Dissertationen und Fachbüchern.

Der große Satz von Fermat- die Lösung eines 300 Jahre alten Problems

Ein Artikel von Juliane Kühne

Inhaltsverzeichnis:

1. Einleitung
2. Was geschah zwischen 1673 und 1980?
3. Die drei Welten

    3.1 Die Anti- Fermat- Welt

    3.2 Die elliptische Welt

    3.3 Die modulare Welt

4. Die Brücken zwischen den drei Welten

    4.1 Die Brücke zwischen der Anti- Fermat- Welt und der elliptischen Welt

    4.2 Die Brücke zwischen der elliptischen und modularen Welt

5. Beweis: Die Anti- Fermat- Welt existiert nicht
6. Quellen

1. Einleitung

Nachdem ich bereits den „großen Satz von Fermat" vorgestellt habe, stellt sich mir die Frage, was in dem Zeitraum zwischen der Aufstellung und des Beweises geschah. Des Weiteren möchte ich den Beweis dieser über 300 Jahre alten Vermutung vorstellen.

2. Was geschah zwischen 1637 und 1995?

Anfangs konnte man Fermats Beobachtungen lediglich einen Beweis für n=4 entnehmen. Dafür verwendete Fermat mit Erfolg seine „Methode des unendlichen Abstiegs":
Es wird ausgegangen von einem hypothetischen Tripel (a,b,c) positiver, natürlicher Zahlen mit der Eigenschaft

$$a^4 + b^4 = c^4.\text{(2)}$$

Dann konstruierte er ein weiteres Tripel (a_1, b_1, c_1) positiver, natürlicher Zahlen mit folgenden Eigenschaften

$$a_1^4 + b_1^4 + c_1^4,$$
$$a_1 < a, b_1 < b, c_1 < c.\text{(3)}$$

Somit konnte Fermat unendliche viele Tripel positiver, natürlicher Zahlen konstruieren, welche zum einen der Gleichung (1) genügen und zum anderen immer kleiner werden. Hierbei ergab sich jedoch ein Widerspruch durch die Ganzzahligkeit und der Positivität der konstruierten Zahlentripel.

Nachdem Fermat verstorben war, erkannte sein Sohn Samuel die Bedeutung seiner Aufzeichnungen und editierte um 1670 erneut Diophants Arithmetica ergänzt durch Fermats Beobachtungen.

Viele der von Fermat skizzierten Beobachtungen wurden in den darauffolgenden Jahren vervollständigt und bewiesen.

Der Mathematiker Leonhard Euler konnte einige der Vermutungen belegen und versuchte sich auch an dem großen Satz von Fermat.

(1) Martin Aigner: „Alles Mathematik", 2. Auflage 2002, Seite 203
(2) Martin Aigner: „Alles Mathematik", 2. Auflage 2002, Seite 203

Hierbei gelang ihm jedoch nur der Beweis für den Fall, dass der Exponent n=3 beträgt.

1825 gelang Adrien- Marie Legendere zeitgleich und unabhängig von Peter Gustav Lejeune Dirichlet der Beweis für den Exponenten n=5. Einige Jahre später konnte Gabriel Làme 1839 den Beweis für den Exponent n=7stellen.

Einen großen Schritt bei der Lösung des Problems konnte der Zahlentheoretiker Ernst Eduard Kummer vorweisen. Er knackte die Vermutung für den Exponenten *n=l*, wobei *l* eine Primzahl kleiner 100 ist. Hierbei schloss er die Primzahlen 37,59 und 67 aus. Danach konnte erst im Jahr 1976 wieder ein Fortschritt bei der Lösung der Beobachtung gemacht werden. S. Wagstaff veröffentlichte, dass Fermats Vermutung für Primzahlexponenten, die kleiner als 125.000 sind, richtig ist.

Im Folgenden möchte ich, mit Hilfe der Konstruktion der „drei Welten", den Beweis der Richtigkeit des großen Satzes von Fermat vorstellen.

3. Die drei Welten

Mit Hilfe der drei Welten werden drei Bereiche der Zahlentheorie vorgestellt, die alle voneinander unabhängig zu sein scheinen.

In diesem Abschnitt stelle ich den Zusammenhang zwischen diesen Welten vor und wie die entsprechenden „Brücken" schlussendlich zu dem Beweis der Fermat-Vermutung führen.

Die Erkenntnis die Entwicklung der Zahlentheorie mit der Fermat Beobachtung in Verbindung zu bringen, wurde in den 80-iger Jahren durch den Mathematiker Gerhard Frey gemacht.

3.1 Die Anti- Fermat- Welt

In der Anti- Fermat- Welt existieren Primzahlen *l>5* und zusätzlich ein Tripel positiver, natürlicher Zahlen *(a,b,c)* welche der Gleichung

$$a^l + b^l = c^l \; (4)$$

genügen.

(4)Martin Aigner: „Alles Mathematik", 2. Auflage 2002, Seite 205

[4]

Es wird hierbei angenommen, dass die Zahlen *a,b,c* paarweise teilerfremd sind → daraus folgt, dass genau eine dieser Zahlen gerade sein muss.

Die Mathematiker sind bestrebt zu zeigen, dass die Anti- Fermat- Welt unter den o.g. Bedingungen nicht existieren kann. In diesem Fall wird es keine natürlichen, positiven Zahlen *a,b* und *c* geben, welche die Gleichung (3) mit einem Primzahlexponenten *l>5* erfüllen.

3.2 Die elliptische Welt

In der elliptischen Welt existieren sogenannte „elliptische Kurven".

„Eine (über den rationalen Zahlen $\mathbb{Q}$ definierte) elliptische Kurve E ist eine in der X, Y-Ebene liegende Kurve, welche durch die kubische Gleichung

$$E: Y^2 = X^3 + \alpha X^2 + \beta X + \gamma$$

mit den ganzheitlichen Koeffizienten α, β, γ festgelegt ist. Voraussetzung hierbei ist, dass die drei Nullstellen des kubischen Polynoms rechter Hand paarweise voneinander verschieden sind." (5)

Es hat sich allerdings als zweckmäßig erwiesen, die Kurven nicht nur in der affinen X,Y-Ebene zu betrachten, sondern diese in der umfassenderen projektiven Ebene zu untersuchen. Das bedeutet, dass man sich die beiden nach $\pm\infty$ strebenden Zweige der elliptischen Kurve (Abbildung 1) durch einen, im Unendlichen liegenden, Punkt zusammengefügt vorstellen muss. Des Weiteren müssen stetige Verformungen der projektiv betrachteten elliptischen Kurve E zugelassen werden. Man erhält dann das aus zwei Kreisen bestehende Bild (Abbildung 2).

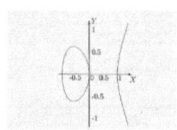

Abbildung 1: Das reelle Bild der elliptischen Kurve (6)

(5) Martin Aigner: „Alles Mathematik", 2. Auflage 2002, Seite 205

(6)http://www.stud.uni-hannover.de/~fmodler/9.%20Woche_Mathematische%20Modellbildung%20und%20diskrete%20Mathematik.pdf

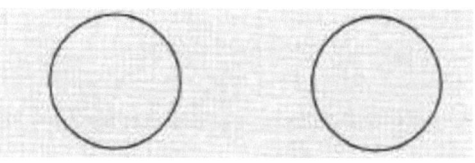

Abbildung 2: Das reelle Bild einer elliptischen Kurve nach Hinzufügen des unendlich fernen
Punktes: Zwei Kreise (7)

Nun wird beachtet, dass die reelle Welt einen Schnitt durch die komplexe Welt darstellt. Dadurch entsteht ein komplexes Bild der elliptischen Kurve E, ein sogenanntes Torus.

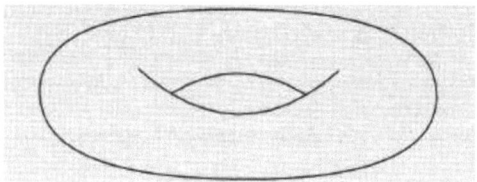

Abbildung 3: Das komplexe Bild einer elliptischen Kurve: ein Torus (8)

Des Weiteren wird die Invariante der elliptischen Kurve E, der Führer N_E, hinzugefügt. Für die Größe N_E gilt folgende Definition: „ Man geht aus von der Gleichung (4) und wählt eine beliebige Primzahl p. Man betrachtet dann (4) als Kongruenz modulo p, d.h.

$$Y^2 = X^3 + \alpha X^2 + \beta X + \gamma \ mod \ p.\text{"}(9)$$

Es gilt, dass für fast alle Primzahlen p, d.h. bis auf endlich viele, die Nullstellen des kubischen Polynoms rechter Hand paarweise voneinander verschieden sind. Wichtig hierbei ist, dass das Polynom nun als Restklassen modulo p betrachtet wird.

Daraus folgt, dass N_E das Produkt der endlichen vielen Ausnahmeprimzahlen darstellt, für die mindestens 2 der drei Nullstellen als Restklassen modulo p zusammen fallen.

(7)http://www.stud.uni-
hannover.de/~fmodler/9.%20Woche_Mathematische%20Modellbildung%20und%20diskrete%20Mathematik.pdf
(8)http://www.stud.uni-
hannover.de/~fmodler/9.%20Woche_Mathematische%20Modellbildung%20und%20diskrete%20Mathematik.pdf
(9) Martin Aigner: „Alles Mathematik", 2. Auflage 2002, Seite 205

3.3 Die modulare Welt

Die modulare Welt besteht aus Modulformen und Modulkurven. Modulformen beschreiben eine breite Klasse von Funktionen auf der oberen Halbebene und deren höherdimensionalen Verallgemeinerungen, die in der Funktionen und Zahlentheorie eine große Rolle spielen. Modulkurven sind arithmetisch definierte Flächen. Diese sind geschlossen und orientiert und durch die positiven, natürlichen Zahlen parametrisiert.

Die zur positiven natürlichen Zahl N gehörende Modulkurve wird als $X_0(N)$ bezeichnet. N wird hierbei als Stufe der Modulkurve $X_0(N)$ bezeichnet. Die Modulkurve $X_0(N)$wird aufgrund der einfachen Klassifikationstheorie von orientierbaren, geschlossenen Flächen als Kugel mit einer gewissen Anzahl G_N von Henkeln oder als Brezel mit G_N Löchern dargestellt.

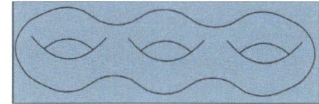

Abbildung 4: Das Bild einer Modulkurve $X_0(N)$ vom Geschlecht $G_N = 3$ (10)

Die Zahl G_N stellt das Geschlecht der Modulkurve $X_0(N)$ dar.

Es gelten folgende Gesetzmäßigkeiten:

- $G_N=0$, dann ist die Modulkurve eine Sphäre
- $G_N=1$, dann liegt ein Torus vor.

Das Geschlecht G_N wird mit folgender Formel berechnet:

$$G_N = \frac{N}{12}$$

(10)http://www.stud.uni-hannover.de/~fmodler/9.%20Woche_Mathematische%20Modellbildung%20und%20diskrete%20Mathematik.pdf

4. Die Brücken zwischen den drei Welten

Um den Beweis des großen Satzes von Fermat werden zum einen die Anti-Fermat- Welt mit der elliptischen Welt verbunden und zum andern, die elliptische Welt mit der modularen Welt.

4.1 Die Brücke zwischen der Anti-Fermat-Welt und der elliptischen Welt

Die Idee die Brücke zwischen der Anti- Fermat-Welt und der elliptischen Welt zu bilden, stammt von Gerhard Frey. Dadurch schaffte er es, die Fermat Vermutung wieder in das Zentrum der Untersuchungen der Zahlentheorie zu rücken. Um den Zusammenhang zwischen den zwei Welten zu beschreiben, wird von folgendem Sachverhalt ausgegangen:

In der Anti- Fermat Welt gibt es eine Primzahl $l > 5$ und paarweise teilerfremde, positive, natürliche Zahlen a, b, c für die folgende Gleichung gilt:

$$a^l + b^l = c^l \text{ (11)}$$

Diese Daten werden in die elliptische Kurve eingefügt:

$$E_{a,b,c}: Y^2 = X(X - a^l)\ (X + b^l) = X^3 + (b^l - a^l)X^2 - (ab)^l X$$

Es wird deutlich, dass der Führer $N_{a,b,c}$ gegeben ist durch das Produkt aller Primzahlen p, die a, b, c teilen.

Es wurde bereits festgestellt, dass eine der Zahlen a, b, c gerade sein muss, also gilt folgende Formel:

$$N_{a,b,c} = 2 \times \textstyle\prod p \qquad es\ gilt, p\ ist\ eine\ Primzahl\ p \in a, b, c; \neq 2$$

Daraus folgt, dass die Brücke zwischen der Anti- Fermat- Welt und der elliptischen Welt geschlagen ist.

4.2 Die Brücke zwischen der elliptischen und modularen Welt

Die Idee die Brücke zwischen der elliptischen Welt und der modularen Welt zu bilden stammt von Andrew Wiles und Richard Taylor. Bereits Ende der fünfziger Jahre wurde ein Zusammenhang zwischen der elliptischen und der modularen Welt angedeutet.

(11) Martin Aigner: „Alles Mathematik", 2. Auflage 2002, Seite 205

„Dazu formulierten Goro Shimura und Yutaka Taniyame die folgende Vermutung: Ist E eine (über den rationalen Zahlen $\mathbb{Q}$ definierten) elliptische Kurve mit dem Führer N_E, so wird E von der Modulkurve X_0 (N) der Stufe $N= N_E$ überlagert, d.h. es gibt eine surjektive Funktion f, welche die Modulkurve X_0 (N) auf ganz E abbildet. Man kann sich diese Vermutung grob gesagt auch so vorstellen, dass die Brezelfläche X_0 (N) mit G_N Löchern stetig in den Torus, der die elliptische Kurve E repräsentiert, deformiert werden kann." (12)

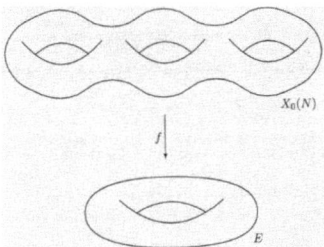

Abbildung 5: Überlagerung der elliptischen Kurve E durch die Modulkurve X_0 (N). (13)

In den Arbeiten von Andres Wiles und Richard Taylor wird dieVermutung von Shimura und Taniyama bestätigt. Der Brückenschlag zwischen der elliptischen und der modularen Welt wurde erfolgreich vollzogen.

5. Die Anti- Fermat- Welt existiert nicht

Zum Schluss soll bewiesen werden, dass die Anti- Fermat- Welt nicht existiert. Dazu muss bewiesen werden, dass es keine Primzahl $l>5$ und kein Tripel positiver, natürlicher Zahlen a,b,c mit der Eigenschaft

$$a^l + b^l = c^l$$

gibt. Dazu wird ein Beweis durch Kontraposition durchgeführt. Hierbei wird angenommen, dass die Anti- Fermat- Welt existiert und ein Widerspruch erzeugt wird.

Man geht davon aus, dass es eine Primzahl $l>5$ und positive, natürliche Zahlen a,b,c gibt, welche der o.g. Formel entsprechen.

(12) Martin Aigner: „Alles Mathematik", 2. Auflage 2002, Seite 207

(13)http://www.stud.uni-hannover.de/~fmodler/9.%20Woche_Mathematische%20Modellbildung%20und%20diskrete%20Mathematik.pdf

Somit werden die Daten mit Hilfe der Brücke zwischen der Anti- Fermat- Welt und der elliptischen Welt die elliptische Kurve E $_{a,b,c}$ mit dem Führer

$$N_{a,b,c} = 2 \times \amalg p \qquad es\ gilt, p\ ist\ eine\ Primzahl\ p \in a, b, c;\ \neq 2$$

zugeordnet. Da die Brücke zwischen der elliptischen und der modularen Welt vollzogen wurde, wird die elliptische Kurve E $_{a,b,c}$ von der Modulkurve der Stufe N= N$_{a,b,c}$ überlagert.

Der Mathematiker Kenneth Ribert hat bewiesen, dass man die Modulkurve mit minimaler Stufe, die die elliptische Kurve E $_{a,b,c}$ überlagert, finden kann, indem man alle ungeraden Primteiler p der ursprünglichen Stufe N= N$_{a,b,c}$ weglässt. Das bedeutet, dass die elliptische Kurve bereits von der Modulkurve X$_0$(2) der Stufe 2 überlagert wird. Folglich gibt es eine stetige Deformation der Modulkurve X$_0$(2) auf der elliptischen Kurve.

Gemäß der Formel für das Geschlecht G$_N$ der Modulkurve X$_0$(2) gilt:

$$G_2 = \left[\frac{2}{12}\right] = \left[\frac{1}{6}\right] = 0$$

Daraus folgt, dass wir die elliptische Kurve aus einer stetigen Verformung der Sphäre erhalten. Somit haben wir den gewünschten Widerspruch, da man eine Sphäre nicht stetig in einem Torus deformieren kann.

Durch den Beweis, dass es die Anti- Fermat- Welt nicht gibt, wurde der Beweis erlangt, dass der „große Satz von Fermat" mathematisch korrekt ist.

Erstaunlich ist, dass dieser Beweis erst nach vielen Jahrhunderten gefunden wurde und zeigt, dass Fermat ein außergewöhnlicher Mathematiker war.

6. Quellen

Literatur:

- Martin Aigner und Eberhard Behrends: „Alles Mathematik", 2. Auflage 2002,
- Albrecht Beutelspacher und Marc- Alexander Tschiegner: „Diskrete Mathematik für Einsteiger", 1.Auflage 2002

Bildquellen:

- http://www.matemasuk.com/?p=718
- http://www.stud.uni-hannover.de/~fmodler/9.%20Woche_Mathematische%20Modellbildung%20und%20diskrete%20Mathematik.pdf